城市自然故事 北京

在公园

刘几凡 余明伟 著

北京联合出版公司
Beijing United Publishing Co.,Ltd.

专家审校： 刘 莹

科学顾问团队

哺乳动物：猫 盟
　　　　　 张劲硕
鸟　　类：关翔宇
　　　　　 黄瀚晨
　　　　　 王瑞卿
　　　　　 张 瑜
昆　　虫：王思一
两 栖 类：张钧铎
爬 行 类：张钧铎
植　　物：李永浩
　　　　　 潘 勃
　　　　　 余天一

推荐语

人类乃动物界之一物种，居城市或乡村，与我等伴生者尚有蜂蝶蚁、蛇蛙龟、雀鸦鹊、蝠鼬猬。生命与环境之联系即生态也，城市生态系统之于人类至关重要！城市并非仅是车水马龙、喧嚣嘈杂，更应蛙噪蝉鸣、鸟语花香。两位"帅真"作者，人居关怀，洞察秋毫，标新美术，卓尔不群；他们为您展现了一个熟悉却又未知的城市及其生态！是为荐。

——国家动物博物馆研究馆员、科普策划总监　张劲硕 博士

要想成为一名多知多懂的自然爱好者，最好的办法就是从自己城市的生物认起。这本书涵盖了北京能见到的各种常见生物，讲解清楚，绘画舒服，是北京孩子的福音。我小时候要是有这本书该多幸福。

——《博物》杂志策划总监　张辰亮

这是一套非常的优秀科普作品。它立足于北京市，展现了郊野、公园和我们社区周边的常见动植物，对实地自然观察有切实的指导作用。书的内容丰富有趣，对动物行为的描绘生动而细腻，妙趣横生。特别值得一提的是，这套书的绘图与版面设计特别精美，除了带给人自然知识，还能给人以审美享受。

——《博物》杂志内容总监　刘莹

我每年都会去很多国家买很多书，尤其是自然科普类，当国家地理的编辑把这本书放到我面前的时候，我的第一反应就是……买！此书的插画风格和设计皆属上乘，绝不输国外的优秀自然科普书籍。

——微博@闲人王昱珩，生活家、自由设计师、南极大使　王昱珩

说到城市，大家想到的必然是繁华的大街上车水马龙，钢筋水泥的丛林里霓虹闪烁。作为一个在北京胡同里土生土长的孩子来说，现在的城市和以前完全不同。记得小时候，春天的胡同里穿梭着衔泥筑巢的家燕，夏天的什刹海柳树上蝉鸣阵阵，秋夜老墙缝里的蟋蟀吸引了打着手电的小伙伴们，冬日的墙根下黄鼬会留下觅食的踪迹。

难道现在就真的感受不到了吗？其实仔细观察、细细体会，我们不难发现，那些坚强的生命依旧在现代化的都市中生生不息。

一套《城市自然故事》带你去了解身边的自然，回味童年往事，更是治疗"自然缺失症"的"一剂良药"！

——二宝-杨毅

如何阅读这本书

"城市自然故事·北京"系列第二册《在公园》讲述北京城市公园中栖息及迁徙路上的物种知识及自然故事。第一章故事发生在奥林匹克森林公园，描述了城市湿地里多种多样的鸟类及其生活习性；第二章故事发生在北京植物园，昆虫是这里的主角；第三章讲述了北京动物园里的"外来驻客"，以及它们在动物园里的有趣行为；第四章带你前往天坛公园探秘夜间世界；第五章讲述了迁徙途经北京的鸟类的故事。

本书设计了多种不同类型的页面样式：章节页、物种大全页、物种档案页、物种表格、索引页和知识超链接卡片，为全面展示物种知识提供丰富的角度。

章节页

每个新篇章的开始，都是一幅精美的场景画面。描绘了每一章的故事背景。这些动植物故事都真实地在这里发生。

物种大全汇聚了北京地区不同生境的生物种类及观察要领。掌握它们的知识后，不妨去户外逐一寻找吧！

物种大全

物种比例尺

① *与1元硬币相比

② *与本书大小对比

③ 0 ——— 1厘米

物种档案采用数据可视化的方式，展示物种全面的数据信息，包括学名、形态、时间和地域等信息。在进行自然观察时，这些数据信息会帮你更好地辨识物种。

物种档案

索引

索引页有每本书提到的所有物种，通过它可以快速找到想要了解的物种和它们背后有趣的故事。

每一个物种，都有专属的知识超链接，全面地讲解该物种科普知识。根据每个知识超链接的指引跳转，可以轻松找到下一个同类物种的知识超链接板块。

知识超链接

物种图表以信息可视化的方式直观地展现一大类物种的详细数据。提供了可供查阅参考的实用表格。

物种图表

目录

香蒲
Typha orientalis

小䴙䴘（pì tī）
Trachybaptus ruficollis

东方大苇莺
Acrocephalus orientalis

白鹭　*Egretta garzetta*

荇菜
Nymphoides peltata

普通翠鸟
Alcedo atthis

长叶异痣螅
Ischura elegans

奥林匹克森林公园的鸟类

北京的奥林匹克森林公园拥有大片水域和完整的湿地生态环境，为鸟类提供了适宜的栖息环境。公园吸引了170余种鸟类在此居留，涵盖游禽、涉禽、陆禽、猛禽、攀禽、鸣禽六大生态类群。

9月的奥林匹克森林公园（简称"奥森公园"），植被丰茂。水面上荇菜成片地盛开着五瓣的黄花，吸引昆虫前来授粉。碧伟蜓不时掠过水面捕食飞虫，它是这片湿地中技艺最高超的飞行家，也是贪婪且高效的捕食者。两只长叶异痣螅连接成一个奇怪的姿势停靠在香蒲上，这是它们正在交配。东方大苇莺在芦苇丛中筑巢。雄性大苇莺会站在香蒲秆上对着波光粼粼的水面引吭高歌，宣示它对这一片芦苇的主权。一身翠蓝色羽毛的翠鸟也在密切监视着附近的水面，谨防同类入侵它的领地。不远处的河滩中，白鹭将脚探入水中搅动泥沙，捕食受惊吓

夜鹭　*Nycticorax nycticorax*

碧伟蜓
Anax parthenope

绿头鸭
Anas platyrhynchos

苍鹭
Ardea cinerea

的鱼儿。夜鹭则静静地等待夜幕的降临，因为黑夜才是它的主场。苍鹭是这片湿地中体型最大的捕食者，双翼展开有 1.5 米长。宽阔的湖面上可以看到成群的绿头鸭，它们会在这里举行群体"婚礼"。雄性绿头鸭跳着精心排练的舞蹈，等待雌性的挑选。远处浅水区域的草丛中，胆小的小鹏鹛总是对外界保持着高度警惕，一旦被惊扰便踏水狂奔……

　　仅仅是在这幅简单的画面中，我们便已经见到了这么多不同种类的野生动植物。下面就让我们一起深入湿地，寻找和观察生活在其中的动植物，探寻关于城市湿地生态系统的秘密吧。

湿地食物链

湿地是一种重要的生态系统，不仅是气候的调节器、环境的净化池，更是物种的避风港。在这里，水生植物充当生产者，为昆虫、鱼类及鸟类等消费者提供生存必要的养分，此外还有分解者——细菌。生产者、消费者和分解者相互作用，形成一个拥有自净能力的小生态系统，在城市生态中扮演着举足轻重的角色。

碧伟蜓
Anax parthenope

昆虫

湿地蚊蝇孳生，这些烦人的小虫却为食物链中高一级的掠食者提供了能量，在湿地生态系统的物质循环和能量流动中起着不可忽视的作用。

白纹伊蚊
Aedes albopictus

食物

食物

水生植物

各种水生植物不仅为生活在这里的生物提供食物和庇护，还起到净化水质、吸收和分解有害物质的作用。

食物

吸收

吸收

底栖生物

在水体底部，沉积物表面或沉积物中生活着螺类等底栖生物。不同底栖生物对水质和基质的要求各不相同，因此其群落特征及空间分布往往能够反映湿地的土壤、水文、植被、气候等许多特征。

磷

有机物

氮

白纹伊蚊幼虫

食物

吸收

浮游生物

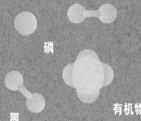

浮游生物体型微小，悬浮在水层中随波逐流，它们是许多水生生物的食物，也是重要的指示物种。如果它们数量激增，很可能发生了水体污染。

食物

食物

鸟类位于城市湿地生态系统中食物链的顶层。鸟的种类及数量是衡量湿地是否健康的标准之一。

食物

食物

食物

苍鹭
Ardea cinerea

鸟类

东方大苇莺
Acrocephalus orientalis

两栖动物

拥有"水陆两栖"之名的两栖动物是水陆交会区湿地的天然居民，它们捕捉各种昆虫，又被鸟类等更上层的捕食者捕食，维持着湿地生态系统的平衡。

黑斑侧褶蛙
Pelophylax nigromaculata

食物

食物

鱼类

鱼类处于食物链的中间环节，平衡着昆虫的数量，也为水鸟提供丰富的食物。

青鳉（jiāng） *Oryzias latipes*

乌鳢（lǐ）
Ophiocephalus argus

食物

食物

食物

食物

水生昆虫

水生昆虫在生命的某个阶段或者终生生活在水中，其中许多种类对水质非常敏感，可作为监测水质的指示物种。

什么是湿地

陆地和水域交会的地域被称为湿地。

沼泽、河流、湖泊、海滩等都是湿地的不同类型。在城市中，湿地往往位于公园和城市河道等区域。它们为不同生物提供了丰富的食物来源和栖息空间。

潜泳健将

在奥森公园的奥海（主湖）、湿地池塘中能看到一种会潜水的"小野鸭"，它们其实叫作小䴙䴘。虽然外形相似，但来自䴙䴘目的它们和雁形目的鸭子们亲缘关系较远。它们时而在水面"飞奔"，时而在水下潜泳，是名副其实的游泳健将。

当遇到危险或受到惊吓时，小䴙䴘还会使出一项绝技——"水上漂"，即快速拍打翅膀，踏水逃离危险。

小䴙䴘 *Tachybaptus ruficollis*

观察时间： 全年可见

最佳观察地点： 各公园水域均可见

观察要点： 眼呈黄色，头顶部呈黑褐色，繁殖季时两颊和颈侧呈栗红色

* 与本书的大小比较

凤头䴙䴘

小䴙䴘

其他常见䴙䴘

罕见

非繁殖羽

繁殖羽

黑颈䴙䴘 *Podiceps nigricollis*

观察时间： 3月底至6月，10月至12月

最佳观察地点： 野鸭湖

观察要点： 眼睛通红，繁殖羽眼后有金色饰羽

非繁殖羽

繁殖羽

凤头䴙䴘 *Podiceps cristatus*

观察时间： 2月底至11月

最佳观察地点： 圆明园、颐和园、野鸭湖

观察要点： 头部长有黑色冠羽

小鸊鷉会在远离岸边的水面利用芦苇、菖蒲等水草的茎叶筑巢。建造完成的鸟巢漂浮在水面上，被称为浮巢。

非繁殖羽

繁殖羽

小鸊鷉的雄鸟和雌鸟外形相近，不易区分。在夏季它们会换上繁殖羽，变成鲜艳的栗红色。冬季时则变回灰褐色。

潜水高手

　　小鸊鷉极善潜泳，双腿位于身体后方，能够潜入水中寻找鱼类和各种水生昆虫。人们能够观察到它们潜入水中，过了好一会儿又重新冒出水面，嘴里带着觅得的食物。

　　因为腿部构造特殊，小鸊鷉走起路来十分笨拙。它们很少上岸，大部分的时光都在水中度过。

非繁殖羽　　　　　　　繁殖羽　　　　　　　非繁殖羽　　　　　　　繁殖羽

赤颈鸊鷉 *Podiceps grisegena*

观察时间：5月

最佳观察地点：野鸭湖

观察要点：颊和喉呈灰白色，前颈和上胸呈栗红色

角鸊鷉 *Podiceps auritus*

观察时间：4～5月

最佳观察地点：野鸭湖

观察要点：眼睛至眼后长有一撮耳状饰羽，如同角一般

13

凤头䴙䴘是优雅的舞者，每到繁殖季，湿地湖面便成为它们表演的舞台。它们的求偶仪式可谓精彩绝伦、妙趣横生。让我们来欣赏和解读这优美的舞姿吧！

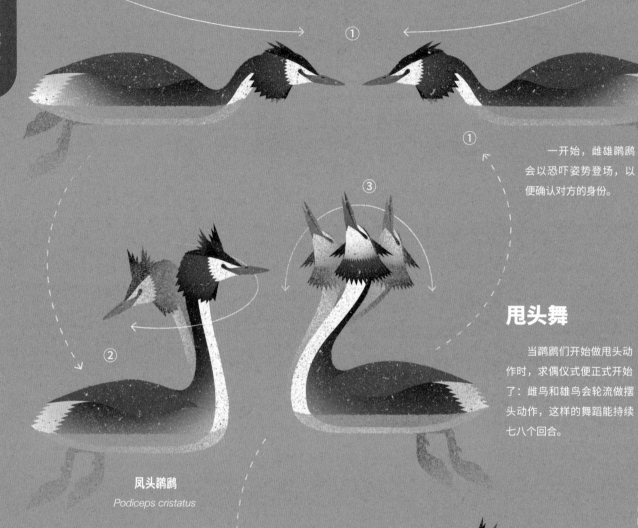

① ① ② ③ ④ ⑤

一开始，雌雄䴙䴘会以恐吓姿势登场，以便确认对方的身份。

凤头䴙䴘
Podiceps cristatus

甩头舞

当䴙䴘们开始做甩头动作时，求偶仪式便正式开始了：雌鸟和雄鸟会轮流做摆头动作，这样的舞蹈能持续七八个回合。

衔羽舞

甩头舞进展顺利，舞蹈便会进入下一个阶段：一只䴙䴘领头，率先梳理自己背部的羽毛，另一只紧随其后，以同样的动作应答。这样的舞姿同样会持续十几个回合。

⑥

一旦衔羽舞顺利结束，凤头䴙䴘们会掉转方向，慢慢潜水离开。可别以为舞蹈就到此结束了，好戏还在后头呢。

当䴙䴘们再次回到湖面，它们的嘴中都衔着一把夹杂着泥土的水草，再次慢慢相互靠近。

⑦

爱的终章

⑧

舞蹈的高潮终于到来！䴙䴘双脚猛烈踩水，使整个身体都露出水面，仿佛出色的花样游泳选手。踩水舞不会持续很久，求爱仪式随之落幕。䴙䴘们终成眷属，成功配对。

从空中俯视䴙䴘的行进路线

一旦结成配偶，雄性凤头䴙䴘决不允许其他雄性入侵。有时候，它们会因为争夺雌鸟和地盘发生冲突。雄性䴙䴘会竖起羽毛，摆出恐吓的姿势，以迂回的路线在水面行进，意图吓退对手。如果不奏效，一场"近身肉搏"就在所难免了。

奥森湿地的鸭子

奥森公园的湿地是北京城内面积最大的人工湿地，占地 4.7 万平方米，高度模拟自然生态系统，是鸭子们的乐园。这里也是我们观察各种鸭类的最佳地点。

赤颈鸭 *Anas penelope*

观察时间： 3月底至5月，9月至10月

雄鸭特征： 头颈棕红色，额至头顶有乳黄色纵带

雌鸭特征： 通体棕褐色，下体浅褐色

乳黄色纵带

栗色胸部

赭色腹部

罕见

白色腹部

青头潜鸭 *Aythya baeri*

观察时间： 4月底至5月，9月至11月中旬

雄鸭特征： 眼呈白色，头颈呈暗绿色

雌鸭特征： 眼呈褐色，通体暗褐色

脸颊发白

雄性繁殖季颈部有黑环

赤麻鸭 *Tadorna ferruginea*

观察时间： 全年可见

雄鸭特征： 通体棕黄色，脸颊发白，繁殖季节颈部具黑环

雌鸭特征： 与雄鸭相似

嘴部末端黄色

♀ 雌性与雄性相似

斑嘴鸭 *Anas zonorhyncha*

观察时间： 全年可见

雄鸭特征： 嘴呈黑色，具橙黄色端斑，最尖端呈黑色

雌鸭特征： 与雄鸭相似

红色瘤状物

♀ 雌性翘鼻麻鸭肉瘤较小

赤麻鸭

鸳鸯

* 与本书的大小比较

翘鼻麻鸭 *Tadorna tadorna*

观察时间： 1月底至5月，9月底至12月初

雄鸭特征： 嘴呈红色，嘴基部有红色肉瘤

雌鸭特征： 与雄鸭相似，嘴基部瘤状物较小

栗色环带

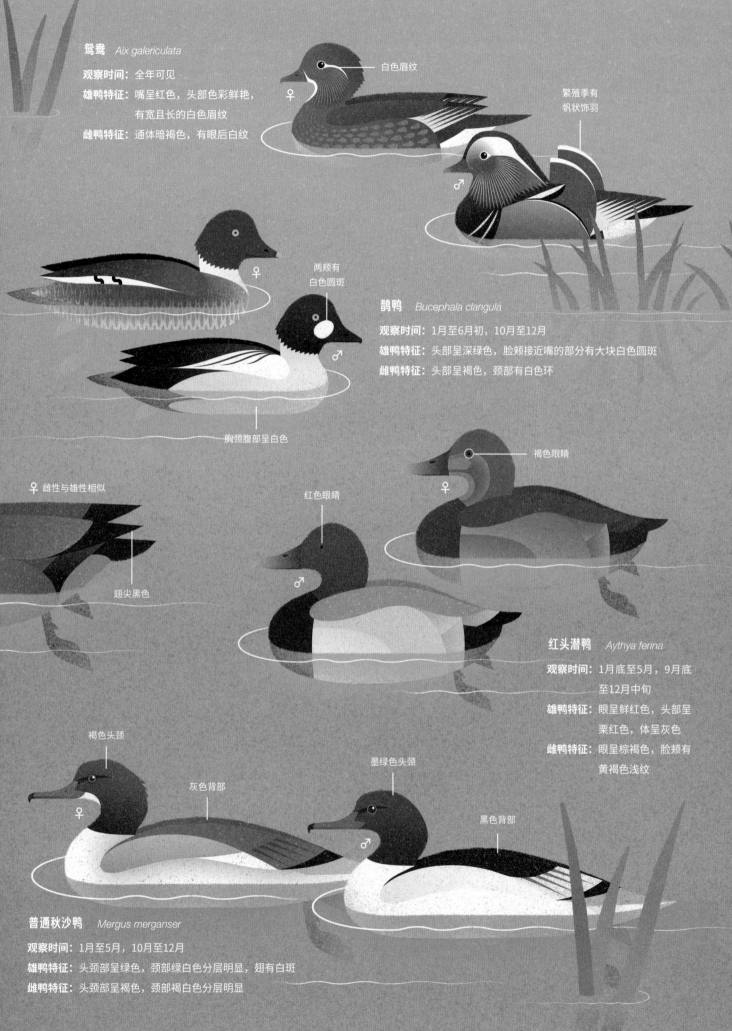

鸳鸯 *Aix galericulata*
观察时间：全年可见
雄鸭特征：嘴呈红色，头部色彩鲜艳，
　　　　　有宽且长的白色眉纹
雌鸭特征：通体暗褐色，有眼后白纹

白色眉纹

繁殖季有
帆状饰羽

两颊有
白色圆斑

鹊鸭 *Bucephala clangula*
观察时间：1月至6月初，10月至12月
雄鸭特征：头部呈深绿色，脸颊接近嘴的部分有大块白色圆斑
雌鸭特征：头部呈褐色，颈部有白色环

胸颈腹部呈白色

♀ 雌性与雄性相似

翅尖黑色

红色眼睛

褐色眼睛

红头潜鸭 *Aythya ferina*
观察时间：1月底至5月，9月底
　　　　　至12月中旬
雄鸭特征：眼呈鲜红色，头部呈
　　　　　栗红色，体呈灰色
雌鸭特征：眼呈棕褐色，脸颊有
　　　　　黄褐色浅纹

褐色头颈

灰色背部

墨绿色头颈

黑色背部

普通秋沙鸭 *Mergus merganser*
观察时间：1月至5月，10月至12月
雄鸭特征：头颈部呈绿色，颈部绿白色分层明显，翅有白斑
雌鸭特征：头颈部呈褐色，颈部褐白色分层明显

湿地"剑客"

鹭类成员种类众多，体态各异，有着有趣的生活习性、奇特的求偶行为和捕猎方式。它们大多身形纤细，凭借大长腿轻松地漫步于水草横生的湿地，长嘴极具杀伤力，像高明的剑客一般迅捷而精准，是湿地中最优雅的猎手。

池鹭是中型涉禽，它们生性胆大，常常在湿地、稻田或池塘徘徊，寻找猎物。

观察时间： 3月至10月

观察要点：
繁殖季时，池鹭会换上一身繁殖羽，头部的羽毛变成鲜艳的栗红色

池鹭
Ardeola bacchus

中白鹭
Ardea intermedia

中白鹭与大白鹭相似，体型较小。

观察时间： 3月至11月

观察要点：
体型适中，颈有纽结，眼呈黄色，口裂延伸至眼睛位置，趾呈黑色

白鹭又被称为小白鹭，是最常见的鹭类之一。

观察时间： 3月至11月

观察要点： 繁殖期枕部生着两根饰羽，犹如两根飘带，极具特色，趾呈绿黄色

白鹭
Egretta garzetta

草鹭喜欢在大片芦苇丛中活动捕猎。

观察时间：
4月至6月，8月至10月

观察要点：
与苍鹭相似，但身形更加纤细苗条，肩颈呈栗褐色。繁殖季时，头顶有两根黑色的冠羽

冠羽

黑色腿跗

草鹭
Ardea purpurea

鸟类的足

因为生活环境和习性的不同，鸟类演化出不同类型的足。

捕捉足： 属于猛禽，长而锋利的爪子能够刺入猎物体内。

游水足： 带蹼，属于鸭子等水禽。

奔跑足： 属于走禽，鸵鸟是其中之一。

攀爬足： 属于啄木鸟、鸸（shī）等鸟类，它们能牢牢抓住垂直的树干。

抓握足： 最为普遍，各种林鸟用其牢牢抓握树枝。

涉水足： 属于鹭类，长腿最适合漫步湿地。

捕捉足

游水足

繁殖季时，大白鹭
脸颊上裸露的皮肤
会变成蓝绿色

繁殖羽

非繁殖羽

繁殖羽

大白鹭 *Ardea alba*

大白鹭在水边浅水处
悠闲踱步，一旦发现
食物，长长的喙便如
同利剑出鞘一般迅速
出击、捕获猎物。

观察时间：
3月至12月中

观察要点：
体型大，颈上有特殊
的纽结，眼睛呈黄
色，口裂延伸至眼睛
后方，趾呈黑色

苍鹭 *Ardea cinerea*

苍鹭常常紧缩脖子一动不动，一
站就是数小时。苍鹭的食谱非常
广泛，包括鱼虾和两栖动物，甚
至还能捕杀小型哺乳动物。

观察时间： 全年可见

观察要点：
苍鹭身披灰色羽毛，身长可
达1米，是北京常见的大
型涉禽

苍鹭

* 与本书的大小比较

池鹭

黄苇鸻捕猎时蜷缩在芦苇秆上，长长的脖子能让它们远离水面，避免惊吓到
猎物。一旦时机合适，脖子会如同弹弓般弹出，眨眼工夫捕获猎物。

观察时间： 4月底至10月初

观察要点： 脖子粗壮，比身体还长很多。上体黄褐色，背部带暗褐色纵纹

黄苇鸻（ yán **）**
*Ixobrychus
sinensis*

奔跑足

攀爬足

抓握足

涉水足

捕鱼高手

中国翠鸟科家族共有 11 位成员，北京"小分队"有普通翠鸟、蓝翡翠、斑鱼狗和冠鱼狗 4 位成员，其中以普通翠鸟最为常见。"小翠"便是观鸟人对普通翠鸟的昵称。伴随着一声尖锐的叫声，一道蓝色"闪电"划过湖面，那便是"小翠"。翠鸟家族里的每一位成员都擅长捕鱼。

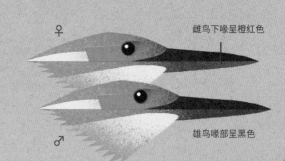

雌鸟下喙呈橙红色

♀

♂

雄鸟喙部呈黑色

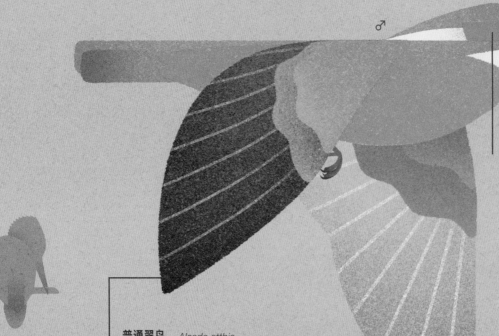

♂

橘黄色条状耳羽

普通翠鸟 *Alcedo atthis*

普通翠鸟是中国分布最广、最常见的翠鸟。

体　　长： 不超过16厘米（包括喙部）

观察要点： 贯穿眼部的橘黄色耳羽是其区别于同科同属的蓝耳翠鸟（主要分布于东南亚雨林）的重要特征之一

雄鸟两胁呈白色，雌鸟两胁呈黄棕色

①

②

③

④

捕鱼高手

普通翠鸟是独来独往的猎手，有着极强的领地意识，每只翠鸟都会占据一片属于自己的狩猎区域，决不允许其他翠鸟染指。它们会蹲伏在水面视野开阔的树枝上，仔细观察水面的动静。一旦发现鱼儿靠近水面，便会俯冲而下。

普通翠鸟的眼睛有一层特殊的薄膜，所以它们进入水中依旧可以看得见猎物。在入水前的一瞬间，它们将双翅收于身后，减少入水的阻力。整个捕猎过程不过几秒钟，眨眼间就已经带着捕获的猎物飞回枝头。

* 与本书的大小比较

冠鱼狗

翠鸟

点翠

点翠工艺是中国一项传统的金银首
饰制作工艺，起源于汉代。点翠工艺的
传统材料便是翠鸟的羽毛。一支点翠首饰
往往需要取用十几只翠鸟的羽毛才能完成。遭
殃的不仅仅只有普通翠鸟，同属翠鸟科的蓝翡
翠和白胸翡翠也成为被捕杀的对象。

今天，这些野生鸟类都已列入保护名录，继续
使用翠鸟的羽毛制作点翠被视为非法。事实上，点
翠工艺的价值在于手艺而非材料，以现代高超的染
色工艺，用染色鹅毛、丝线等材料都能做出不输传统
点翠的工艺品，而无须伤害野生鸟类，这才是正确的
传承之道。

冠鱼狗 *Megaceryle lugubris*

冠鱼狗是高超的鱼类猎手，因捕鱼时如同蹲伏的猎狗，以及
头部的羽冠而得名。它们不仅捕食鱼类和水生昆虫，还会捕
食蛙类和小型蜥蜴。

体　　长： 40厘米

观察要点： 黑色翅膀上布满白色斑纹，头部有华丽的羽冠

♀

卵色纯白，稍具斑点，
直径约 2 厘米

翠鸟的巢

每到繁殖季，雄性翠鸟们都忙碌于寻找
合适的地方筑巢。普通翠鸟巢穴的选址非常
特别，它们喜欢在垂直于水面的泥土壁上挖
洞筑巢，这样能够避免老鼠、蛇类等天敌的
侵扰。

翠鸟们粗大的喙部不仅是捕鱼利器，挖
起洞来也毫不逊色。它们会在泥土壁上挖出

一条直径 5 ～ 6 厘米、深超过 30 厘米的洞穴。洞穴尽头
是较为宽敞的巢室。雌雄翠鸟会共同孵卵育雏。雌鸟直接
将卵产在巢室的泥地上，一窝产 5 ～ 7 枚卵。

中国螳瘤蝽
Cnizocoris sinensis

绿带翠凤蝶
Papilio maackii

尺蠖（huò）（尺蛾幼虫）
Geometridae spp.

澳门马蜂
Polistes macaensis

北京植物园的昆虫

北京植物园是北方最大的植物园。植物种类众多，引种栽培植物 10 000 余种。人们去北京植物园的主要目的当然是为了观赏植物。然而，植物园里除了可以观赏植物，还可以到植物丛中去观察生动有趣的小生命——昆虫。每一个花圃都是昆虫的"江湖"。不同"门派"的昆虫明争暗斗，杀机暗涌，稍不小心便会殒命于花丛。

在这里，蜜蜂们自成一派，抱团生存。它们搭建了自己的"城堡"，使用花朵中最丰富的资源孕育自己的下一代，让种族生生不息。而没有"社会背景"的蝴蝶就没有那么幸运了，它的一生都只能依靠自己，从卵到幼虫、蛹

秋英（波斯菊）
Cosmos bipinnata

大腹园蛛
*Mesobuthus
martensii*

再到羽化，不同的阶段都有不同的自保之法。

蜜蜂和蝴蝶是我们熟知的昆虫了。除此之外，在这花圃里的其他虫子大致可以分成两派。

一派是擅长防御的防御术派。擅长防御的虫子从不主动生事，但也绝不怕事。有的防御术"大师"用刺激性气味赶走对手；有的有过人的躲藏之术，让对方完全发现不了它们的踪迹；还有的则是用装死来避免直接的对抗。

另一派则是推崇主动进攻的攻击术派。它们深谙进攻之道，或以速度，或以武器，或以布置陷阱，又或以高超的用毒之法……

在灿烂的阳光下，在鲜艳的花朵和青青的绿叶上，一场场生死大战在悄然进行。

异色瓢虫
Harmonia axyridis

北京常见昆虫分类

在北京我们能看到很多熟悉的昆虫，甚至能直接叫出它们的名字，但你知道它们在生物学中是如何分类的吗？

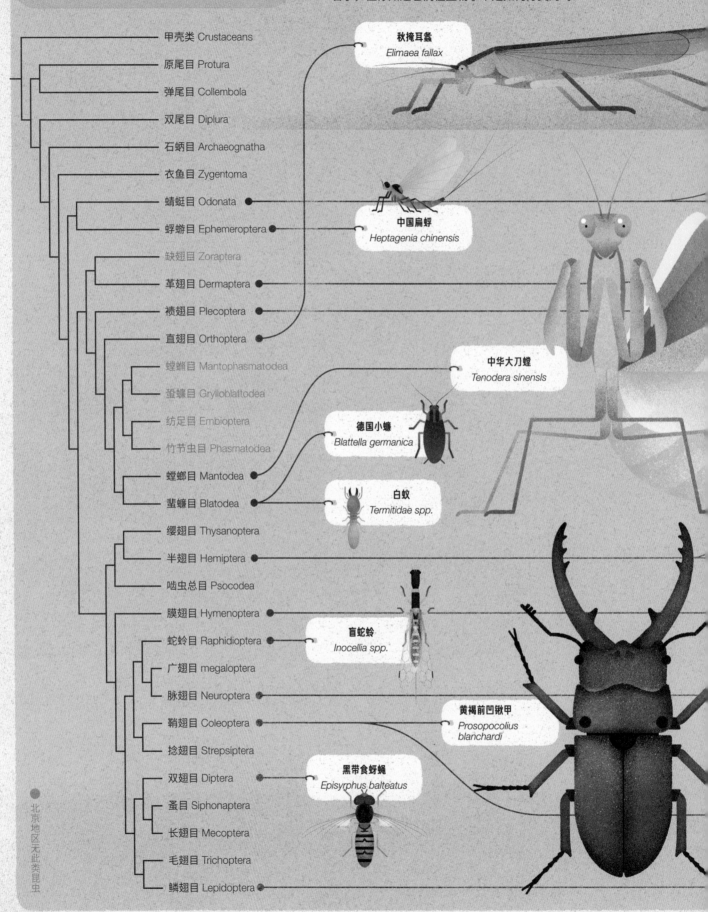

甲壳类 Crustaceans

原尾目 Protura

弹尾目 Collembola

双尾目 Diplura

石蛃目 Archaeognatha

衣鱼目 Zygentoma

蜻蜓目 Odonata

蜉蝣目 Ephemeroptera

缺翅目 Zoraptera

革翅目 Dermaptera

襀翅目 Plecoptera

直翅目 Orthoptera

螳䗛目 Mantophasmatodea

蛩蠊目 Grylloblattodea

纺足目 Embioptera

竹节虫目 Phasmatodea

螳螂目 Mantodea

蜚蠊目 Blatodea

缨翅目 Thysanoptera

半翅目 Hemiptera

啮虫总目 Psocodea

膜翅目 Hymenoptera

蛇蛉目 Raphidioptera

广翅目 megaloptera

脉翅目 Neuroptera

鞘翅目 Coleoptera

捻翅目 Strepsiptera

双翅目 Diptera

蚤目 Siphonaptera

长翅目 Mecoptera

毛翅目 Trichoptera

鳞翅目 Lepidoptera

秋掩耳螽
Elimaea fallax

中国扁蜉
Heptagenia chinensis

中华大刀螳
Tenodera sinensls

德国小蠊
Blattella germanica

白蚁
Termitidae spp.

盲蛇蛉
Inocellia spp.

黄褐前凹锹甲
Prosopocolius blanchardi

黑带食蚜蝇
Episyrphus balteatus

北京地区无此类昆虫

24

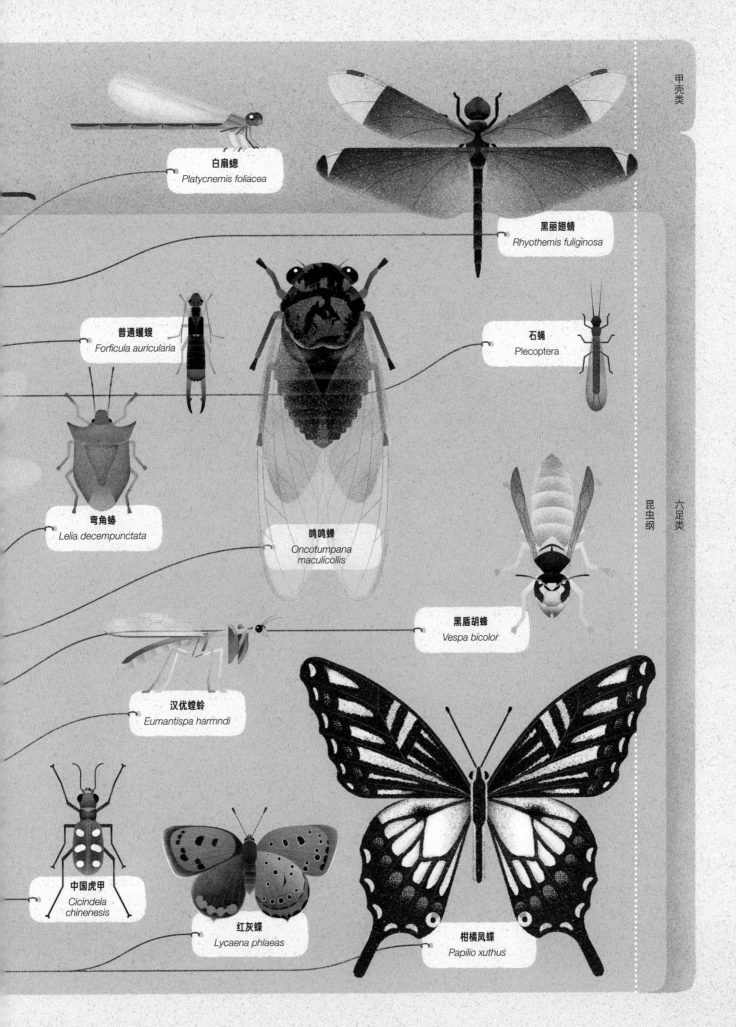

白扇螺
Platycnemis foliacea

黑丽翅蜻
Rhyothemis fuliginosa

普通蠼螋
Forficula auricularia

石蝇
Plecoptera

弯角蝽
Lelia decempunctata

鸣鸣蝉
Oncotumpana maculicollis

黑盾胡蜂
Vespa bicolor

汉优螳蛉
Eumantispa harmndi

中国虎甲
Cicindela chinenesis

红灰蝶
Lycaena phlaeas

柑橘凤蝶
Papilio xuthus

北京蝴蝶大集结

花朵盛开的地方怎么能少了美丽的蝴蝶？北京植物园正是适合观察蝴蝶的好去处。我们把北京的常见蝴蝶集结在了这里，你能认出它们吗？

蛱蝶科 Nymphalidae

蛱蝶科蝴蝶是形态、色彩和花纹变化最丰富多样的一类蝴蝶。该科的蝴蝶不仅访花，还会吸食腐烂果实和其他动物的排泄物。

大红蛱蝶
Vanessa indica

黑脉蛱蝶
Hestina assimilis

正面 ⊕
反面 ⊖

斗毛眼蝶
Lasiommata deidamia

蛱蝶总科

小环蛱蝶
Neptis sappho

眼蝶科 Satyridae

大多数眼蝶科蝴蝶翅膀上拥有一个以上的眼斑，这些"大眼睛"可以吓唬敌人，有着极好的保护效果。成虫飞行能力较弱，常停落在林荫树叶上。

绢蝶科 Seriphidae

绢蝶科蝴蝶大多栖息在高海拔地区，耐寒，飞行缓慢。

云粉蝶
Pontia edusa

粉蝶科 Pieridae

粉蝶科蝴蝶躯干遍布鳞毛，成虫喜食花蜜。该科的部分蝴蝶幼虫以蔬菜和果树叶子为食，其中菜粉蝶是声名狼藉的农业害虫。

小红珠绢蝶
Parnassius nomion

尖钩粉蝶
Gonepteryx mahaguru

菜粉蝶
Pieris rapae

中华谷弄蝶
Pelopidas sinensis

朴喙蝶
Libythea celtis

弄蝶科 Hesperiidae

弄蝶科蝴蝶属于小型蝴蝶，成虫身材短小、躯干遍布鳞毛，外形似蛾，停落时翅微张。大部分弄蝶颜色朴素，不易区分，但也不乏色彩艳丽的种类。

喙蝶科 Libytheidae

喙蝶是一种古老的蝴蝶，因具有特别长的下唇须而得名。中国有三种喙蝶科蝴蝶，北京仅有朴喙蝶一种。朴喙蝶以朴树为寄主，以成虫形态越冬。

凤蝶总科

红灰蝶
Lycaena phlaeas

丝带凤蝶
Sericinus montelus

橙灰蝶
Lycaena dispar

凤蝶科 Papilionidae

大部分凤蝶科蝴蝶属于中大型蝴蝶。凤蝶幼虫以芸香科、马兜铃科等气味强烈的植物为食。成虫飞行迅速，喜访花和水，常常聚集在溪流边饮水。

绿带翠凤蝶
Papilio maackii

蓝灰蝶
Everes argiades

灰蝶科 Lycaenidae

灰蝶科蝴蝶属于小型蝴蝶，是蝴蝶中种类数量最多的科，寄主也多种多样。不少灰蝶科成虫后翅具有尾突，停落时上下交错以迷惑敌人。

柑橘凤蝶

　　柑橘凤蝶也叫花椒凤蝶，是一种美丽的大型凤蝶，其幼虫主要以芸香科植物为食，尤其喜爱柑橘和花椒，因此而得名。中国南方地区广植柑橘，而北方则多种花椒，因此柑橘凤蝶在中国分布广泛而常见。每年 4 ～ 10 月，都能在城市中看到它们翩然起舞的身影。

　　只要找到柑橘树或花椒树，就不难发现柑橘凤蝶的幼虫。每日悄悄观察，我们可以一窥它们的生活史，观察它们羽化成蝶的神奇转变。

花椒
Zanthoxylum bungeanum

卵
柑橘凤蝶的卵表面光滑，呈淡黄色

昆虫幼虫需要不断蜕皮才能长大，因此人们通过蜕皮次数计算它们的年龄，刚从卵中孵化出的幼虫是 1 龄幼虫，每蜕一次皮，就增加 1 龄

1 龄幼虫

寄主植物

　　不同的蝴蝶会将卵产在不同的植物上，其幼虫则会以该植物为食，这些植物就被称为寄主。马兜铃、柑橘、花椒和茱萸等植物是柑橘凤蝶、玉带凤蝶、丝带凤蝶等青睐的植物。

　　但是不要低估这些植物寄主的智慧，它们当然不仅仅是为蝴蝶幼虫提供食物的"冤大头"。蝴蝶以花蜜为食，而植物同时也以花蜜为诱饵吸引蝴蝶前来，从而使蝴蝶沾染上自己的花粉，以实现自身传粉的需求。

成虫
柑橘凤蝶的成虫十分美丽，淡黄色的翅上有着黑色脉纹，翅边缘有着蓝色星斑。成虫飞行速度快，喜欢造访花朵

柑橘凤蝶
Papilio xuthus

4龄幼虫

4龄幼虫颜色如同鸟粪，这样的保护色能够让它躲避鸟类的捕食

受到惊吓时，末龄幼虫会伸出黄色的丫形腺，加上头顶的眼斑，使它看起来像一条蛇，以此吓退天敌

末龄幼虫

化蛹之前的最后一个幼虫阶段称为末龄幼虫，柑橘凤蝶的幼虫要经历4次蜕皮才能进入末龄。绿色的末龄幼虫食量大增，每天能吃掉好几片叶子

蛹

末龄幼虫会吐丝把自己固定在树枝上，蜕去外衣，身体慢慢变硬，进入蛹期

黑脉蛱蝶的蛹

蓝灰蝶的蛹

菜粉蝶的蛹

柑橘凤蝶的蛹

蝴蝶的天敌

并不是每只幼虫都有机会长大、羽化成蝶飞舞于花间。在它们短暂的一生中，要面对无数的天敌，包括蚂蚁、蜘蛛、鸟类、螳螂等。其中最致命的杀手，莫过于以蝴蝶幼虫和蛹为寄主的寄生蜂了。

寄生蜂是指隶属于膜翅目姬蜂科、小蜂科的多种昆虫，种类繁多，专门以各种昆虫为寄主，是非常厉害的"杀手"。人们常常利用寄生蜂作为生物防治手段，控制果蔬害虫的数量。

寄生蜂
Parasitoid

蝴蝶的蛹

不同的蝴蝶，其蛹的造型和位置也千奇百怪，精致异常。蛱蝶科的蝴蝶一般为悬蛹，头朝下倒挂在树枝上；菜粉蝶的蛹会根据外界环境情况呈现不同的保护色；蓝灰蝶的蛹则紧紧地贴着树叶，不易被发现。

蛹是拥有时间魔法的"胶囊"，再不起眼的毛毛虫，最终都会蜕变成美丽的蝴蝶，开启一段崭新的花间时光。

野蜂飞舞

蜂巢

　　蜂类都是"天才设计师"，会筑造各种不同形态的蜂巢，作为食品储藏室和育婴室，黑盾胡蜂是其中的佼佼者。黑盾胡蜂的蜂巢是一个精致的"城堡"。"城堡"外围由多种树皮组成，巢壁上有月牙形彩斑，色彩深浅不一。进入这个"城堡"内部，就能看到一层层房间。这些房间由一个个六边形的蜂室组成。黑盾胡蜂对自己建造的这个精致、安全的"城堡"十分满意，它们在这里成长、工作、生活，日复一日，年复一年。

卵
幼虫
羽化成蜂
蜂蛹

黑盾胡峰
Vespa bicolor

形形色色的蜂巢

　　我们上面提到的这四种蜂，除了对食物的喜好不同，对家的建筑理念也截然不同。经过人工驯养的西方蜜蜂住在人类为它们筑造的蜂巢中，里面满是金灿灿的蜂蜜；蔷薇切叶蜂切取蔷薇的叶子来制作自己的蜂巢；黄柄壁泥蜂则最"接地气"，它们用泥土来糊成自己的巢穴；而柞蚕马蜂喜欢将蜂巢悬挂在树上，以保安全。

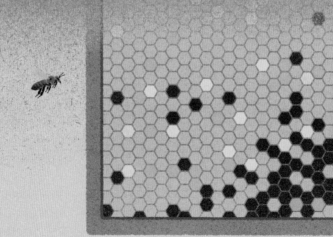

西方蜜蜂的巢

西方蜜蜂
Apis mellifera

蔷薇切叶蜂
Megachile nipponica

黄柄壁泥蜂
Sceliphron madraspatanum

不同的蜂

　　并不是所有的蜂类都以花蜜为食。以北京最常见的四种蜂为例。西方蜜蜂和蔷薇切叶蜂是花蜜的狂热爱好者，黄柄壁泥蜂和柞蚕马蜂则更倾向于以虫子为食。黄柄壁泥蜂的主食大多为蜘蛛，而柞蚕马蜂，从名字不难看出它最喜欢的食物就是柞蚕了。

柞蚕马蜂
Polistes gallicus

蔷薇切叶蜂的巢

黄柄壁泥蜂的巢

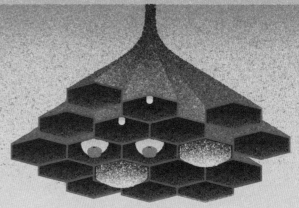

柞蚕马蜂的巢

花园攻击术

花园中的一部分小虫掌握着绝妙的攻击术。它们或身形敏捷,行动迅速;或善于布置陷阱;或善于用毒。这些各具特色的攻击术是它们安身立命的根本!

澳门马蜂
Polistes macaensis

中华盗虻
Cophinopoda chinensi

中国虎甲
Cicindela chinenesis

麻步甲
Carabus brandti

杀手联盟

在花园中,藏匿着一群杀虫无数的凶悍"杀手",它们身体强壮,进攻迅速。小虫们一旦与它们狭路相逢,几乎没有逃脱的可能。

虫虫"斧头帮"

作为花园里的第一大"帮派","斧头帮"简直就是横行霸道的恶棍。别看它们有的外表呆萌,有的外表黝黑、貌不惊人,但是它们都有同一个特征,即与生俱来的"斧头"(前足)。它们可以用这天生的武器牢牢抓住遇到的昆虫。

中国螳瘤蝽
Cnizocoris sinensis

汉优螳蛉
Eumantispa harmndi

天罗地网

布置陷阱是攻击术里最睿智的方法。花园从来都不是一个安全的地方，这里到处都是陷阱。蚁蛉的幼虫蚁狮在沙土坑里静静地等待猎物送上门，大腹园蛛则在默默地加固自己的蛛网……

大腹园蛛
Mesobuthus martensii

蚁蛉
Myrmeleontidae spp.

马氏正钳蝎
Buthus martensii

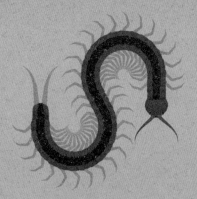

平耳孔蜈蚣
Otostigmus politus

绝命毒师

跟用毒保护自己的防御术大师不一样，在花园中还有一群"绝命毒师"，它们把毒作为自己进攻的武器，到处捕猎着食物。

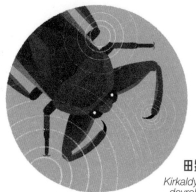

田鳖
Kirkaldyia deyrollei

广斧螳
Hierodula petellifera

花园防御术

另有一部分昆虫拥有与攻击术不相上下的防御术，在这江湖武林中，它们绝对是主张防守的一派。让我们好好看看，它们都有什么防守的绝招吧！

赤条蝽
Graphosoma rubrolineata

红脊长蝽
Tropidothorax elegans

秘密武器

对耶气步甲来说，100℃的屁是它的秘密防御武器。当遇到危险的时候，耶气步甲腹部尾端会喷射出巨臭无比的高温"炮弹"。同时会发出剧烈的声响，产生黄色的烟雾和毒气。

耶气步甲
Pheropsophus jessoensis

黑足蚁形隐翅虫
Paederus tamulus

绿芫菁
Lytta caraganae

中华豆芫菁
Epicauta chinensis

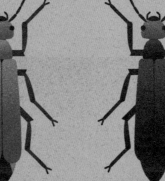

东邪西毒

在花园防御术大师中，蝽简直是剑走偏锋的"老邪物"。它们拥有臭腺，一旦受到刺激就会分泌出带有臭味的气体，借此来赶跑自己的敌人。而用毒大师芫菁们受到惊吓时，它们的足会分泌出黄色的有毒液体，以攻击代替防御。跟前两位相比，黑足蚁形隐翅虫就显得低调多了。它的体液具有毒性，秉持"人不犯我，我不犯人"的态度。一旦你伤害了它，它就会对你进行报复！

花园忍术——拟态

拟态是一种生物模仿另一种生物或环境的现象。在危机四伏的花园中，拟态是一种蕴含哲理的防御术，各位"忍者"各显神通，通过伪装隐藏于这个世界。

它们或隐于草中，或隐于枯叶中，或隐于树木中，或隐于树枝上。想要在花园里找到它们，可能得花上一整天的时间呢！

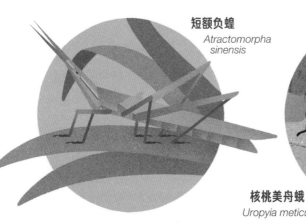

短额负蝗
Atractomorpha sinensis

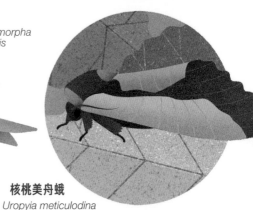

核桃美舟蛾
Uropyia meticulodina

假死大师

假死是真正的逃生防御术。当这些逃生大师感受到危险时，它们就会收缩附肢，全身变得僵硬，假装死亡。假死这种防御术广泛存在于动物界，是一种奇异的应激行为。瓢虫、金龟子、象甲、叶甲等都是善用此术的佼佼者。

异色瓢虫
Harmonia axyridis

斑衣蜡蝉
Lycorma delicatula

蓝目天蛾
Smerinthus planus

虚张声势

在众多防御术中，有很多以攻为守的方式，虚张声势就是很好的防御方式之一。斑衣蜡蝉会突然展开翅膀，用鲜艳的体色恐吓对方。而蓝目天蛾的鳞翅拟态鸟的眼睛，好像是在警告敌人：我可不是好欺负的！

四点象天牛
Mesosa myops

尺蠖
（尺蛾幼虫）
Geometridae spp.

这些忍术高手不仅能做到形似，还会追求神似。例如尺蛾的幼虫，它是高手中的高手，除了物理拟态以外，还会化学拟态，体内甚至有跟植物相似的成分，对于嗅觉捕食者来说，它们也是隐身的！当然，除了我们说到的这四位，只要仔细观察，花园中可能还会有新的惊喜！

北京动物园的"编外人士"

　　说起北京动物园，想必大家都不会陌生。每天都有成千上万的小朋友来到这里，去看动物园里的"明星"物种，如大熊猫、长颈鹿、狮子和老虎，还有水禽湖上的野鸭和天鹅……它们都是在动物园里有"房"、有"证"的居民。然而，作为北京城里适合多物种生存的一片绿地，除了这些"正式居民"外，北京动物园还吸引了不少野生动物

偷偷潜进来，在此安家。

　　在动物园里，这些"编外人士"还不少。其中最易被人们看到却又经常被忽略的就是松鼠了。它们活跃在树梢，丝毫不隐藏自己的行踪，理直气壮地在动物园的树梢上蹿来蹿去，经常跳到地面上寻找种子和果实。

　　和松鼠比起来，黄鼠狼就显得低调多了。白天，动物园中人流涌动，基本找不到黄鼠狼的踪迹，但黄昏之后甚至夜里它们就出来活动。黄鼠狼在北京动物园里虽然行事低调，但手脚多少还是有些"不干净"。动物园里笼养的鸟类对黄鼠狼的诱惑太大了，它们总是忍不住对这些

鸟类下手，一旦找到了笼子的漏洞，它们就会溜进去捕食笼养鸟类。当然，在动物园管理人员对笼子进行堵漏之后，留给黄鼠狼的机会已经不多了。

在"编外人士"的队伍里，夜鹭是活得最滋润的。夜鹭肆无忌惮地在水禽湖栖息，强大的繁殖能力和适应能力让它们抢占的地盘比"正式居民"还要多。为了抢占动物园里给"正式居民"的食物，夜鹭甚至改变了自身的夜行性，在白天等待着饲养员投喂。

乌鸦则仅仅把动物园当作它们在北京城里的一个落脚点。它们白天飞往郊区捕食，晚上再飞回城里休息，它们成群结队，每天往返于偌大的北京城。

北京动物园里的"编外人士"和"正式居民"和谐相处，使这里成为城市里物种最为丰富的绿地天堂。不妨花上一个周末，一起来与动物们做伴吧！

树梢上的松鼠

在北京，松鼠们生活在皇家园林、环境良好的大学校园或公园中。相比于其他动物，松鼠显得对环境更加挑剔，这主要与它们喜食松子、榛果等高热量食物有关。只有松树繁茂的地方，才能见到它们的身影。北京有三种本土松鼠，分别是花鼠、岩松鼠和松鼠。

颊囊是动物口腔内两侧的特殊囊状结构，用于暂时储存食物，见于灵长目的猕猴和啮齿目的松鼠、黄鼠、仓鼠等类群

花鼠 *Tamias sibiricus*

花鼠是北京地区体型最小的松鼠种类。每到秋季，它们就会变得格外忙碌，颊囊里总是塞满了食物，生怕搜集储备的食物不够过冬。到了冬天，它们会堵塞秋季出入的洞口，在洞里冬眠。春天它们不会重新疏通堵塞的洞口，而会从另一个洞口出来。

习　　性：杂食，喜食各类种子和坚果

观察时间：4～10月

观察要点：五道深色花纹穿惯背部，被人亲切地称为"五道眉"

· 松鼠们与本书大小对比

北松鼠 *Sciurus vulgaris chiliensis*

北松鼠是欧亚红松鼠的东北亚种，是北京地区体型最大的松鼠种类。跟花鼠不同的是，北松鼠不会冬眠。

习　　性：杂食，喜食松子、榛子等高热量食物

观察时间：全年

观察要点：冬季北松鼠的耳后簇毛非常独特

童话里的松鼠

童话故事和动画片中，经常出现一种红棕色、有着蓬松大尾巴的可爱松鼠，它们的原型就是欧亚红松鼠，最新版的物种名录中，也把它们叫作松鼠。

欧亚红松鼠的分布区很广，广袤的欧亚大陆上，北方的林区几乎都有它们的身影。不过，不同地区的欧亚红松鼠外貌并不一样：生活在欧洲的，身体多为红棕色，这也是它们被取名"红松鼠"的原因；而生活在我国北方地区的，颜色多为灰黑色，几乎没有红的。

北京常见、个头最大的松鼠，就是欧亚红松鼠的东北亚种，通常被叫作"北松鼠"。它们主要来自逃逸的养殖松鼠，以及它们繁殖的后代。北京本土也有欧亚红松鼠的华北亚种，但并不太常见。

欧亚红松鼠指名亚种
Sciurus vulgaris vulgaris

欧亚红松鼠东北亚种
Sciurus vulgaris chiliensis

白色眼圈

岩松鼠
Sciurotamias davidianus

岩松鼠是中国特有的物种。喜欢生活在多岩石的丘陵环境。和松鼠一样，岩松鼠也是一种不冬眠的松鼠。

习　　性：杂食，喜食各类种子和坚果

观察时间：全年

观察要点：具有颊囊，眼部周围有一圈白色毛发

松鼠会通过换毛来适应温度的季节变化。冬天的时候，它会长出密实的毛发，耳朵上会长出簇毛，远看像一对"兔耳"。夏天的时候，簇毛脱落，便会露出它们真正的耳朵。

笼子外的"黄大仙"

提起"黄大仙"，你脑海中是否出现了关于它们的各种传说？这些传说都是人们的想象。真实的"黄大仙"其实说的是黄鼬，它们胆小机警、行动敏捷，遭遇危险时会通过肛腺排放臭气以自卫。

黄鼬
Mustela sibirica

* 黄鼬与本书大小对比

鼬科家族

鼬科家族是食肉动物中体形比较娇小的一类。除了黄鼬，还有因一身漂亮的雪白"外衣"而红遍网络的伶鼬。伶鼬的身长仅有 20 厘米，体重不超过 80 克，生活在中国北部和西部地区。伶鼬会根据季节更换毛色，夏季棕白相间，冬季则是一身白衣，极好地适应雪地环境。别看伶鼬"娇小柔弱"，却是不折不扣的"杀手"。和伶鼬相比，黄鼬俨然已经是大个子了。

伶鼬
Mustela nivalis

夏季毛色

冬季毛色

黄鼬
Mustela sibirica

黄鼬喜欢在人类聚居区活动，这是因为它们所钟爱的食物——老鼠也常在这些地方出现。在北京的很多住宅小区、高校校园及北京动物园，都能发现黄鼬的踪迹。

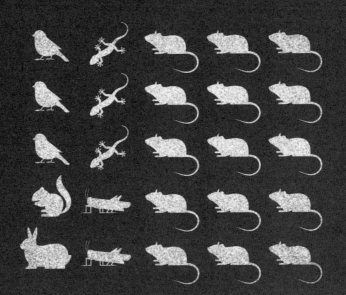

黄鼬的食谱

"黄鼠狼给鸡拜年"是人们对黄鼬最大的误解。其实黄鼬的食性非常广泛，从各种昆虫、蛙类，到蛇、壁虎，甚至能够制伏比自己体型大好几倍的野兔。

它们最钟爱的食物是鼠类。据统计，一只黄鼬一年能够消灭几百只鼠类，是不折不扣的老鼠"杀手"。

动物园的夜鹭

在北京动物园的水禽区域生活着数不清的夜鹭。这些漂亮的鸟类赚足了眼球，引得走过湖边的人纷纷拍照留影。但是，夜鹭可不是动物园里圈养的动物，而是被这里优良的环境吸引前来定居的，这些不请自来的客人也让动物园的工作人员伤透了脑筋。

夜鹭雏鸟

北京动物园水禽湖的人工小岛有效地隔绝了野猫、黄鼠狼及人类的干扰，成为夜鹭们筑巢繁衍后代的绝佳根据地。工作人员提供给其他水禽的食物也往往被夜鹭们窃取。良好的环境和充足的食物让不少夜鹭放弃迁徙，选择留在动物园过冬。

鸟大十八变

鸟类从出生到成鸟，会经历几个不同的阶段：卵、雏鸟、亚成鸟、成鸟。亚成指已经能够独立捕食、但还未性成熟的发育阶段。亚成鸟的羽毛往往比较灰暗，有利于更好地躲避天敌。

夜鹭雏鸟

夜鹭亚成鸟

夜鹭成鸟

褐色纵纹

翅膀有白色点斑

夜鹭亚成鸟

夜鹭
Nycticorax nycticorax

夜鹭是一种常见的夜行性鹭类，在我国各个地区均有分布。它们白天在树上休息，夜晚活动。但因为工作人员会在白天投放食物，这些生活在动物园的夜鹭竟改变习性，白天活动，夜间休息了。

乌鸦家族

都说"天下乌鸦一般黑"，这些看起来"黑漆漆"的鸟儿其实大有乾坤。在北京可以看到五种乌鸦：通体黑色的大嘴乌鸦、小嘴乌鸦、秃鼻乌鸦，以及黑白相间的达乌里寒鸦和白颈鸦。

达乌里寒鸦 *Corvus dauuricus*

北京地区体型最小的乌鸦，常集群活动。

观察时间：多见于9月中旬至翌年4月

观察要点：白色羽毛从颈背延伸至腹部

秃鼻乌鸦 *Corvus frugilegus*

北京地区体型最小的全黑色乌鸦，常集群活动。

观察时间：3月、10月中旬至11月中旬

观察要点：嘴部裸露的部分呈浅灰色

白颈鸦 *Corvus pectoralis*

非常罕见的乌鸦，仅在山区能觅得其踪迹。

观察时间：5月

观察要点：颈背和胸有一圈白色羽毛

乌鸦传说

因为乌鸦一身黑羽和食腐的习性，人们常常把乌鸦同死亡、瘟疫、黑暗和邪恶联系在一起。只要提起乌鸦，总会让人想起各种不祥的征兆。但在不同的文化里，乌鸦并不总是黑暗、邪恶的象征。

在中国古代，以乌鸦为原型的"三足金乌"就象征着太阳。乌鸦因此被称为"阳鸟"，常常以图腾的形式出现在各种器具和衣物上。

满族人将乌鸦奉为"神鸟"，将它们视作保护神。清朝的皇室甚至在紫禁城投喂乌鸦，这样的习惯延续了上百年。

隆起的"额头"

禁止投喂
No Feeding

小嘴乌鸦 *Corvus corone*

北京最常见的乌鸦，常集群活动。

观察时间： 全年可见，夏季多见于山区

观察要点： 前额与嘴部无明显转折，全身漆黑

大嘴乌鸦 *Corvus macrorhynchos*

常混迹在小嘴乌鸦群中。

观察时间： 全年可见，夏季多见于山区

观察要点： 隆起的"额头"是识别要点，
　　　　　　区别小嘴乌鸦

乌鸦的智慧

　　对于乌鸦的智慧，我们从小学语文课文《乌鸦喝水》中就有所了解。然而，乌鸦的聪明才智，远远超过我们的想象。

　　乌鸦不仅是为数不多通过"镜子测试"的动物，它们可以认出镜中的自己，说明它们具有高度的智慧。同时，乌鸦也是已知的极少数会制作和使用工具的动物之一。乌鸦们会相互传授经验，相互学习，甚至会形成群体间特有的习惯和文化。

黑夜的留守大军

冬日乌鸦

　　北京冬天的傍晚，树梢上成群结队的乌鸦极具特色。在北京动物园、西单、北京师范大学、学院南路、长安街、五棵松等地方，乌鸦群数量尤其巨大。据统计，留在京城过冬的乌鸦，多达 2 万只。

　　冬日乌鸦聚集，并非不祥之兆，而是乌鸦栖息的正常习性。这些地方大多种植着成排的毛白杨和悬铃木，是乌鸦最爱的落脚点。高大结实的树干不仅有利于鸦群远离地面的危险，更便于体形庞大的乌鸦停落。冬天太阳下山，乌鸦们熙熙攘攘，开始集聚过夜。到了早上 7 点，乌鸦们又将开始它们一天的"通勤"。糟糕的是会留下满地的排泄物。

乌鸦迁飞之谜

　　乌鸦们在城里集群过夜，到了白天，便三三两两飞向郊区。它们每天来来回回地"折腾"，到底是为了什么呢？这是因为乌鸦是杂食性鸟类，喜欢食腐。北京周边的大型垃圾填埋场每天都有大量的生活垃圾，为数量庞大的乌鸦提供了充足的食物，可以说是乌鸦的大食堂。然而食堂虽好，却远在郊区，入夜后寒冷异常，远不如城区温暖，因此乌鸦们会不嫌麻烦地飞上十几千米，回到市区过夜。

　　度过难熬的冬季，乌鸦们会在 4 月纷纷离开京城，往北迁飞至山区繁衍后代。

天坛公园的夜行动物

　　白天的天坛风景优美，圜丘坛、皇穹宇、祈年殿等建筑更是让人叹为观止。人们都把参观时间安排在了白天，但殊不知晚上的天坛别有一番热闹景象！

　　夜色渐晚，天坛里的夜行性动物也就活跃起来了，纷纷出动进行捕食、求偶等活动。

　　天坛曾经是长耳鸮（一种猫头鹰）在北京越冬的居所，也曾是全中国最容易看到长耳鸮的地方。而现在，在天坛已经很难再见到它们的踪影。绿地的减少导致鼠类和蝙蝠数量减少，而鼠类和蝙蝠则是长耳鸮的主要食物。这迫使长耳鸮把捕食的目标转向数量更多的鸟类。再加上一些狂热的摄影爱好者在天坛拍摄长耳鸮，也给它们的生活带来了很大的干扰。长耳鸮本来是天坛夜生活里最活跃的一员，可惜现在已经无缘相见了，我们也应该反思该如何与城市里的野生动物相处。

　　天坛的夜晚还活跃着一群美丽的小精灵——蛾。所有人提到蝴蝶，想到的是美丽，而提到蛾，大部分人却都感到害怕。其实，蛾拥有不逊色于蝴蝶的美丽。它们在黑夜中飞舞，在树干上栖息，鳞翅上的花纹五彩斑斓，有的甚至在黑夜中闪闪发亮。

　　说到天坛，还有一位主角，那就是天坛里的刺猬。刺猬结束一白天的睡眠，在夜晚醒来，到祈年殿前的草坪上觅食。这些可爱的小刺球绝对是夜生活的主角，它们轻巧灵活，却又不像蛾子一般难以被发现。看到它，人们的心

无一不被它的呆萌可爱所俘获。

　　行走在黑夜中的天坛里，总会有可爱的小动物出来和你"打招呼"。需要注意的是，"寻找"与"观看"是跟城市里的动物相处的要诀，不要试图干扰它们的生活，不要轻易喂食，让我们行走在天坛的黑夜里，安静地观察生活在这片天地里的生物吧！

黑夜杀手

　　猫头鹰们昼伏夜出、行踪隐蔽，想要一窥其真面目实在不易，就连经验丰富的观鸟爱好者也要费上一番工夫。北京分布着 8 种猫头鹰，野外难以发现其行踪，就让我们从书上了解它们的真容吧！

日本鹰鸮 *Ninox japonica*

观察时间：4月至9月初
观察要点：胸部有水滴状斑纹，下腹呈白色

长耳鸮 *Asio otus*

观察时间：11月至翌年3月
观察要点：耳羽簇十分明显，背羽
　　　　　花纹繁杂，胸部有纵
　　　　　纹，虹膜呈橘色

领角鸮 *Otus lettia*

观察时间：5月至8月中旬
观察要点：拥有耳羽簇和浅沙色颈
　　　　　圈，虹膜呈红色

灰林鸮 *Strix nivicolum*

观察时间：全年可见
观察要点：分布数量稀少，仅分布在
　　　　　北京山区。圆形头部无耳
　　　　　羽簇，虹膜呈深褐色

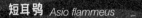

短耳鸮 *Asio flammeus*

观察时间： 10月底至翌年4月初

观察要点： 耳羽簇短小不易观察到，眼部
羽色较深，如同"黑眼圈"

红角鸮， *Otus sunia*

观察时间： 4月至9月底

观察要点： 小型鸮类，拥有
短小的耳羽簇，
虹膜呈黄色

雕鸮 *Bubo bubo*

观察时间： 11月至翌年2月

观察要点： 北京地区最大型鸮类，
胸部有明显的纵纹，食
谱广泛

纵纹腹小鸮 *Athene noctua*

观察时间： 全年可见

观察要点： 胸腹部有明显的纵纹，常白天
活动，虹膜呈黄色

消失的黑夜杀手

长耳鸮因其长着一对大大的"耳朵"而得名。别看长耳鸮外表呆萌，它可是货真价实的猛禽。长耳鸮广泛分布在我国各地，夏季在东北繁殖，冬季迁徙到我国华北、华南地区越冬。北京遍布古树的皇家公园是长耳鸮的最爱。20 世纪在天坛越冬的长耳鸮多达上百只，然而因为灭鼠活动和严重的人类干扰，如今在天坛越冬的长耳鸮数量骤减，已经不超过 10 只，很难见到它们的踪迹了。

长耳鸮
Asio otus

特殊的羽毛

长耳鸮翼展可达 1 米，飞起来却悄无声息，在黑夜里轻盈地掠过树梢，捕食鼠类。宽大的翅膀和特殊的羽毛结构让它们拥有静音飞行的能力。

宽大的翅膀为猫头鹰提供足够的动力，只要扇动几下翅膀，就能滑翔很长一段距离。猫头鹰的飞羽前缘具有特殊的"梳齿"状边缘，后缘有"刘海"般的毛边结构，除此之外，羽毛的表面还有一层绒毛。这些特殊结构使得猫头鹰在扇动翅膀时，空气能够平稳划过翅膀表面，减少因为扇翅带来的空气震动而产生的噪声。

猫头鹰的食谱

与想象中的不同，猫头鹰并非只以老鼠为食，在不同的地域，它们会根据环境改变捕食对象。在北京，长耳鸮主要以鼠类、蝙蝠和鸟类为食。随着近年来城市灭鼠活动的进行，鸟类在长耳鸮的食谱中占比越来越高。

长耳鸮，顾名思义，有着一对毛茸茸的"耳朵"，每只"耳朵"其实是一簇羽毛，被称为耳羽簇。不少种类的猫头鹰都有这样奇特的耳羽簇，但耳羽簇的真实作用仍未可知

猫头鹰的脚爪十分特别，外侧的脚趾可以转向后方。当猫头鹰捕捉猎物时，脚趾会从"三前一后"变成"两前两后"。这样的结构让它们能够牢牢抓住猎物

真正的耳朵

长耳鸮真正的耳朵位于其脸盘两侧，藏在浓密的羽毛下方。左右耳孔不仅大小不同，位置也一高一低。这种奇特的结构让长耳鸮拥有非凡的立体声源定位能力，能够精准地锁定猎物的声音来源。当猎物出现时，长耳鸮会不断微调头部的方向，评估声源到达两耳的时间差距来判断猎物的位置和距离，如同一台高效的雷达。

刺猬的"早餐"

刺猬可是北京人"抬头不见低头见"的老相识了。每到夏季和秋季的傍晚，天坛的大树下、公园的小径、草坪的深处，常可以看到这些刚睡醒的小刺球忙活觅食的身影。人们的晚饭时间，是刺猬刚睡醒、出门找"早餐"的时段。

东北刺猬
Erinaceus amurensis

瞧！这只小刺猬找到了今天的第一顿饭：一条肥美的大蚯蚓！被叼住的蚯蚓企图钻进泥土里以实现自己的逃跑计划，但是精神抖擞的小刺猬并不打算放过这到手的食物。它轻而易举就把蚯蚓叼住，大快朵颐。

刺猬是个不挑食的小家伙，经常在公园里寻觅蚯蚓、虫蛹、老鼠和蛇，也吃幼鸟、鸟卵、蛙、蜥蜴等。有时候实在饿极了，还会吃一两个果子充饥

刺猬的四季

在不同的季节里，刺猬都在干什么呢？让我们跟随着季节的脚步，进入刺猬们的生活。

春季

冬眠结束，刺猬醒来，首要的任务就是寻找配偶。雄刺猬会围着雌刺猬顺时针或逆时针转圈，在雌刺猬接受求偶前，雄刺猬会在它周围耗上几小时之久，真是个坚持不懈的小家伙

夏季

刺猬产子，刚出生的小刺猬像个粉色的肉团，全身有上百根刺。经过一两个月的母乳喂养之后，刺猬妈妈会教授小刺猬如何捕食

秋季

秋天是觅食的季节，刺猬会把主要精力放在寻找食物上。同时，也开始为营造自己冬眠的巢穴搜集材料

冬季

刺猬在巢穴中冬眠时，最喜欢躺在枯枝和落叶堆组成的被窝里。冬眠中的刺猬偶尔会被吵醒，但是它们会抓紧时间继续进入梦乡。如果过早地醒来，没有足够食物的刺猬们可能会被饿死

冬眠

寒冬到来，不少动物会"宅"在"家里"，应对寒冬。冬眠的动物不动也不食，保持着极低的代谢速率，尽可能多地减少能量消耗来应对寒冷和食物短缺。冬眠行为不仅出现在哺乳动物中，有些鸟类、两栖动物、爬行动物和鱼类，都有冬眠行为。

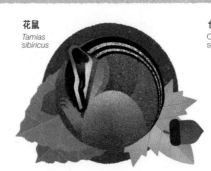

花鼠
Tamias sibiricus

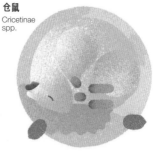

仓鼠
Cricetinae spp.

暗夜精灵

蛾类和蝴蝶同宗同源，只因多在夜晚活动，不为人所知。论外貌，蛾类毫不逊色于蝴蝶。很多成员都有着令人惊叹的色彩和有趣的生活习性，有些种类甚至很难区分到底是蛾类还是蝴蝶。

蛾类种类繁多，数量远多于蝴蝶。至今仍有不少未知的蛾类等待人们的探索和发现。下面这些蛾类都是活跃在天坛夜间的精灵，下次去天坛夜探，可以留意观察下哦。

斜线燕蛾
Acropteris iphiata

幼虫以榆树、
柳树叶子为食

红天蛾
Pergesa elpenor

寄主为凤仙花、
茜草等多种植物

宁波尾大蚕蛾
Actias ningpoana

榆绿天蛾
Callambulyx tatarinovi

美丽的大型天蛾，
体型非常惊人

宁波尾天蚕蛾
与本书大小对比

幼虫以榆树、柳树叶子为食

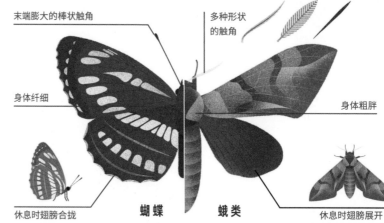

蛾类与蝴蝶

蛾类和蝴蝶同属一目，都是鳞翅目的昆虫，外貌和行为方式相似，不易区分。很多蛾类也有美丽的鳞翅，且在白天活动，但仅通过这两点来判断是蝶是蛾，是不科学的。要从触角、躯干和停落方式等几个方面区分，才能辨别它们。

末端膨大的棒状触角

多种形状的触角

身体纤细

身体粗胖

休息时翅膀合拢

蝴蝶

蛾类

休息时翅膀展开

白天的飞蛾

在北京白天活动的飞蛾中，最有趣的莫过于小豆长喙天蛾和后黄黑边天蛾了。在夏日的花圃中，总能看到它们灵巧地盘旋在花丛中。超快的振翅速度和长长的喙，它们常常被不知情的人误以为是蜂鸟。

核桃美舟蛾
Uropyia meticulodina

以胡桃为寄主。停落时，翅膀的花纹如同一片翻卷发黄的叶子

豆天蛾
Clanis bilineata

以豆科植物为寄主，危害农作物

青辐射尺蛾
Iotaphora admirabilis

青辐射尺蛾因其翅膀上辐射状的纹理而得名

樗（chū）蚕蛾
Philosamia cynthia

樗蚕蛾幼虫以臭椿、核桃、柳树、银杏等多种植物叶子为食

木橑（liáo）尺蛾
Culcula panterinaria

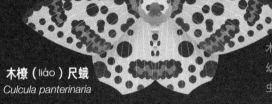

木橑尺蠖（木橑尺蛾的幼虫）是著名的农业害虫，对木橑危害最大

小豆长喙天蛾
Macroglossum stellatarum

后黄黑边天蛾
Haemorrhagia radians

赤麻鸭
Tadorna ferruginea

蓝歌鸲
Lavivora cyane

苍鹰
Accipiter gentilis

绿头鸭
Anas platyrhynchos

观鸟在北京

长途迁徙是鸟类的壮举。每当季节更替的信号来临，都预示着一次充满艰险又满怀希望的行程即将开启，而对于我们来说，则又是观鸟的绝佳时间。

北京位于全球九大候鸟迁徙通道之一的东亚—澳大利西亚通道上。每年飞越北京上空的候鸟不计其数。不用远行，就能看到如此多的鸟类，岂不美哉？

不同时间，有不同的鸟儿作客北京。我们把这些不同居留类型的鸟类分成了五种：夏候鸟、冬候鸟、旅鸟、留鸟和迷鸟。

金腰燕
Cecropis daurica

红隼
Falco tinnunculus

大白鹭
Ardea alba

普通鵟（kuáng）
Buteo japonicus

黑头蜡嘴雀
Eophona personata

家燕
Hirundo rustica

燕隼
Falco subbuteo

　　北京的春季和夏季气候比低纬度地区凉爽宜人，很多鸟类如燕子、燕隼、水禽都会从南方来到北京度夏并繁殖后代，等到秋季举家迁回南方，我们把它们称为夏候鸟。那些来自纬度更高的寒冷地区、到北京度过寒冬的鸟类则被称为冬候鸟。在动物园留宿的小嘴乌鸦、天坛的长耳鸮都属于冬候鸟。剩下的绝大部分鸟类，在迁徙季匆匆路过，把北京作为旅行的中转站，在这里补充食物、稍作休息，便再次启程。它们被称为旅鸟，其数量占北京鸟类数量的近 3/4。虽然季节流转，绝大部分鸟儿来来去去，但仍有 70 多种鸟类选择一年四季都驻留北京，这些"常住居民"被称为留鸟。偶尔也有稀里糊涂的家伙，在迁徙的旅途中迷了路，来到北京，我们把它们称为迷鸟。

　　不想错过精彩的鸟类迁徙故事？只要留心观察，就会发现它们迁徙的信号。

北京最佳观鸟地点

经过鸟类爱好者的努力，在北京观察记录到的鸟类已有 470 多种，约占全国鸟类品种总数的 30%。有着种类如此繁多的鸟类，对生活在这座城市中的人们来说，既欣喜又振奋。

这些鸟儿离我们的生活如此之近，不妨随着本书去探寻它们的踪迹吧！

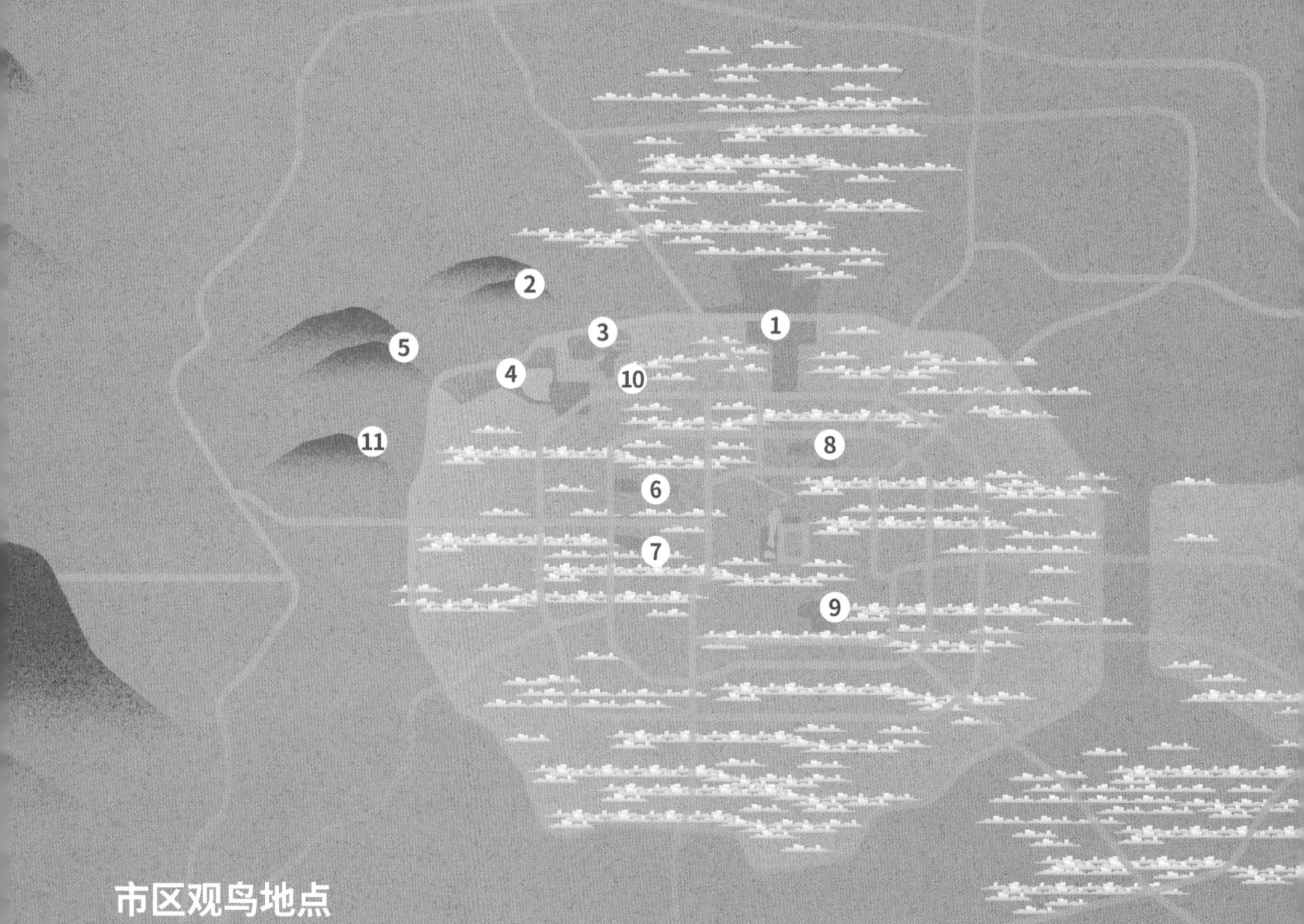

市区观鸟地点

1. 奥林匹克森林公园
2. 百望山森林公园
3. 圆明园遗址公园
4. 颐和园
5. 北京植物园
6. 北京动物园
7. 玉渊潭公园
8. 柳荫公园
9. 天坛公园
10. 北京大学
11. 八大处

数据来源：《森林与人类》第 308 期

如何挑选望远镜?

　　迁徙季节的到来，正是出门观察鸟类的好时机。一款合适的望远镜是必不可少的工具。如何挑选一款合适的望远镜，有着不少学问。

　　望远镜分为双筒望远镜和单筒望远镜，根据观察鸟类的不同，我们会使用不同款式的望远镜。

调焦　　目镜

双筒望远镜

双筒望远镜有着很好的立体视野，机动性能强，适合用于观察山林、郊野和城市中移动敏捷的鸟类。

8×32

物镜

口径

倍率与口径

　　在望远镜上我们能看到"8×32""10×42"等字样。前面的数字表示望远镜的放大倍率。倍数越高，看到的物体更大。后面的数字代表物镜口径大小。数字越大，观察效果越清晰明亮。

　　倍率和口径越大，望远镜体积越大，重量越大。我们可以根据自身的需求挑选重量大小和放大倍率合适的望远镜。

目镜

调焦

单筒望远镜

单筒望远镜大多体积较大，能够观察更远的目标，往往配合三脚架使用，机动性较弱。单筒望远镜适合用于观察水鸟、涉禽。

物镜

口径

京郊观鸟地点

猛禽大迁徙

每到春季和秋季，数以万计的猛禽将飞越北京上空，西郊的百望山是最便捷的观测猛禽迁徙的胜地。让我们一起带着望远镜，去百望山细数飞过北京天空的猛禽吧！

日本松雀鹰
Accipiter gularis

喉中线

日本松雀鹰是我国体型最小的猛禽。夏季来京繁殖后代，冬季飞往南方过冬。

过境时间：5～10月

凤头蜂鹰尤其喜食蜂类，迁徙季常集群过境。

过境时间：2～5月，9～10月

凤头蜂鹰
Pernis ptilorhynchus

脖子尖细

尾部有粗横斑

6枚翼指，翼指端呈黑色

白尾鹞
Cirus cyaneus

5枚翼指

腹部有褐色细横纹

脸颊泛红

尾巴较长

雀鹰
Accipiter nisus

雀鹰栖息于山林间，伏击小鸟为食。迁徙季多出现在城市公园中。

过境时间：9月至翌年5月

白尾鹞喜欢出没于开阔的湿地上空，常沿地面低空飞行，搜寻草丛中的猎物。

过境时间：12月至翌年1月中旬

初级飞羽基部有明显白色

5枚翼指

深褐色腕斑

喜盘旋，盘旋时尾巴常呈扇形

5枚翼指

胸部有不规则褐斑

腹部两侧有褐色斑块

普通鵟
Buteo japonicus

* 日本松雀鹰与本书大小对比

迁徙季期间大量普通鵟会路过北京，数量巨大。

过境时间：9月至翌年5月

大鵟
Buteo hemilasius

大鵟夏季栖息于内蒙古及西伯利亚地区，冬季迁飞到北京过冬。

过境时间：9月至翌年5月

红隼
Falco tinnunculus ♂

眼下有明显髭纹

雄鸟具有砖红色后背

北京地区最常见的猛禽，常常在楼宇间游弋。

过境时间： 留鸟，全年可见

红脚隼
Falco amurensis ♂

翅下覆羽白色

下腹至尾下覆羽呈砖红色

红脚隼体形与红隼近似，喜食昆虫。

过境时间： 4～5月，9～10月

黑鸢
Milvus migrans

初级飞羽基部发白形成白斑

胸口具有纵纹

黑鸢与其他猛禽不同，有食腐行为，常常搜寻人类垃圾寻找食物。

过境时间： 9月中旬至翌年5月

燕隼
Falco subbuteo ♂

胸腹部有黑色纵纹

下腹至尾下覆羽发红

燕隼夏季来到北京繁殖后代，冬季迁往南方。

过境时间： 4～11月

金雕
Aquila chrysaetos

7枚翼指

头后、颈部有大片金褐色羽毛

胸部呈白色

北京地区体型最大的猛禽，翼展可达两米。

过境时间： 北京郊区全年可见，夏季栖息于高海拔地区，冬季则迁飞至低海拔山谷

苍鹰
Accipiter gentilis

头颈灰褐色形似头盔

腹部有极细的黑色横纹

苍鹰是性情凶悍的猛禽，体形壮硕，常常攻击野兔、野鸡等大型目标。

过境时间： 9月中旬至翌年5月

红隼猎场

红隼是一种漂亮的小型猛禽，有着标志性的砖红色后背和黑色眼下髭纹。红隼很好地适应了北京的城市生活，是遇见率最高的猛禽。城市高楼周围常会形成抬升的气流，红隼便乘势而上，在林立的高楼间自由穿梭，追捕各种鼠类、小鸟和昆虫。北京的钢筋水泥"森林"便是它们的猎场。

红隼在这座城市栖息、繁育后代，最常见的筑巢地点就是居民区高楼的阳台和空调外机箱。如果有幸遇到，千万不要打扰到它们的家庭生活！所有的猛禽都是国家重点保护野生动物，不允许个人饲养，一旦发现受伤需要救助的猛禽，请及时联系当地猛禽救助中心或森林公安。

红隼
Falco tinnunculus

鸟类的视野

眼睛是鸟类极其重要的感官。鸟类通过眼睛判断距离、大小、形状、颜色等信息。单眼视觉指用一只眼睛观察外界和物体，双眼视觉则是两只眼睛同时观察。双眼位置的不同，使鸟类拥有不同的视野。眼睛位于头部两侧的鸟类为单眼视觉，眼睛位于头部前方的鸟类为双眼视觉。

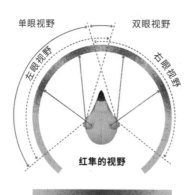

单眼视野　双眼视野
左眼视野　右眼视野

红隼的视野

鸟类视觉最敏锐区域

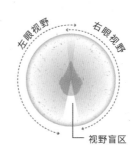

左眼视野　右眼视野

视野盲区

单眼视觉

单眼视觉的鸟类拥有较大的视野范围，如家鸽、鹭鸟、雁鸭等。有些鸟类甚至拥有360°的视野。

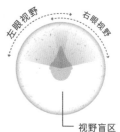

左眼视野　右眼视野

视野盲区

双眼视觉

双眼视觉的鸟类对目标有着更好的立体感和距离感的判断，例如隼，但它们的单眼视野一般不足90°。

北京雨燕

古都飞燕

如果要选一种动物代表北京，那肯定非北京雨燕莫属。北京雨燕又称为普通雨燕，这也是为数不多以北京城命名的动物。

北京的皇城庙宇、城墙院落是雨燕理想的筑巢及落脚点。雨燕在这座城市栖息、繁衍。人们对雨燕的喜爱已然浸入到北京的文化和习俗中。北京风筝中最具代表性的形象"沙燕"和 2008 年北京奥运会吉祥物福娃中的妮妮，都是以雨燕为原型。

雨燕　　　　家燕

雨燕和家燕对比

雨燕虽然叫燕，但和燕科的家燕、金腰燕并不同属一目。从外形上看，雨燕的身形更纤长，它有着流线型的身体，镰刀状的翅膀，尾巴只是略呈叉状，并不像家燕一样如同"剪刀"状。

北京雨燕科家族

在北京，能够观察到的雨燕目雨燕科家族有三位成员，分别是：普通雨燕、白腰雨燕和白喉针尾雨燕。

普通雨燕全身呈褐色。白腰雨燕呈深灰色，腰部有一道明显的白带。白喉针尾雨燕有白色的喉部和白色的尾下腹羽，尾巴形状也区别于其他雨燕。白腰雨燕和白喉针尾雨燕多栖息在山区中。

普通雨燕
Apus apus

白腰雨燕
Apus pacificus

白喉针尾雨燕
Hirundapus caudacutus

白喉针尾雨燕的腹部

雨燕宽大的喙裂和高超的飞行技术让它们能够自如地在空中捕捉各类飞虫。每天清晨和傍晚，都是雨燕捕食的高峰时间。一只雨燕一天能捕捉近万只飞虫，包括蚊子、飞蝇和蚜虫等。

普通雨燕
Apus apus

阁楼安家

北京的城楼古建是雨燕最理想的家，20 世纪前期北京的雨燕数量达到顶峰，约 5 万只。清晨和黄昏时，北京天空雨燕纷飞，蔚为壮观。但随着城市化的发展，一些古建被拆除，剩余的古建纷纷装起了防雀网。失去栖息地的雨燕数量锐减，曾经雨燕漫天的景象不复存在。只有少数受到保护的古建筑附近还有较多雨燕栖息。

屋檐下的雨燕

鸟类飞行速度之最

　　雨燕狭长的翅膀和流线型的身材使其拥有极高的飞行速度，可达每小时110千米，是世界上飞行速度最快的鸟类之一。

　　能赶得上雨燕飞行速度的飞鸟寥寥无几。迁徙季途经北京的游隼的飞行时速为110千米，俯冲时可达到320千米，是世界上最迅猛的鸟类。在北京更为常见的燕隼虽然飞行速度不及雨燕，但也有人观察到燕隼捕食雨燕的场景，可以推测燕隼也具备捕捉雨燕的本领。

镰刀形状的
初级飞羽

雨燕的迁徙

　　在每年3月底、4月初，雨燕会从非洲最南部出发，飞越埃塞俄比亚高原、红海，途经中东、中亚，最终抵达中国华北地区，整个行程历时3个多月，迁徙距离长达1.6万千米。

　　抵达北京的雨燕片刻也不得闲暇，在这里它们将迎来4个月忙碌的繁殖期，每对雨燕要产下2～4枚卵，抚养并照顾幼鸟，直到

它们具有独立能力。等到7月底幼鸟长大，它们又会沿着相同的路径，千里迢迢赶回南非过冬。雨燕迁徙往返路程超过3万千米，相当于地球赤道周长的3/4，这是多么惊人的数字。你在家门口看到的雨燕可是非洲来的哦！

普通雨燕
Apus apus

雨燕的脚非常特殊，4个脚趾都朝前，非常适合抓住岩石和墙壁，但却不适合抓握树枝和电线，加上短小的腿部，因而它们很难在地面上移动和起飞

鸟类迁徙通道

　　全球共有9条候鸟迁徙通道，其中3条经过中国境内。而拥有最多候鸟迁徙数量和种类的东亚—澳大利西亚迁徙通道途经北京。这正是北京地区能见到如此多鸟类的原因。

　　在迁徙季到来时，很多鸟类会飞越北京上空，还有不少鸟类会选择在此停歇，补充能量。迁徙季的到来，是我们外出去观察它们最好的时机。

东亚—澳大利西亚候鸟迁飞路线

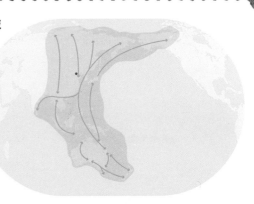

北　京　●
迁徙范围　▓
迁徙路线　→

冬日鸟类

北京的冬天寒气逼人，大多数鸟类会飞往南方过冬，但仍有不少种类在这里生活，它们有的常年留在北京；有的贪恋这里丰富的食物而没有跟上大部队，滞留北京；有的则是从更北的地方南迁而来。相比于郊区，市区会更温暖。因此，在冬天的市区中也能看到不少鸟类。平时小心谨慎的鸟儿在冬日变得大胆，易于观察。冬日的北京及城郊远不止这些鸟类，去寻找它们的同时，别忘了注意保暖。

北红尾鸲 *Phoenicurus auroreus*

北红尾鸲生性大胆，常栖息在山林田地。它们是北京的夏候鸟，但不少也选择留在北京过冬。

观察时间： 全年可见

观察要点： 雄鸟头顶和颈部为灰白色，雌鸟头部呈绿褐色，雌雄鸟翅膀上均有三角形白色翼斑。常常站在枝头上抖动尾巴

棕头鸦雀 *Sinosuthora webbiana*

棕头鸦雀喜欢结成小群，在灌木、芦苇丛中活动。

观察时间： 全年可见

观察要点： 头圆尾长，身形滚圆

红尾斑鸫 *Turdus naumanni*

红尾斑鸫是北京冬季最常见的鸫类，常常与斑鸫同时出现，混群而栖。

观察时间： 9月初至翌年6月中旬

观察要点： 背部呈暖灰色，胸、胁部有橘红色鳞状斑点

小太平鸟 *Bombycilla japonica*

小太平鸟在西伯利亚和中国东北繁殖，冬天来到北京，以园林植物的果实和种子为食，常集群出现。

观察时间： 10月中旬至翌年6月中旬

观察要点： 红棕配色是它区别于太平鸟的主要特征

锡嘴雀
Coccothraustes coccothraustes

锡嘴雀在地面上会以斜跳的方式行进，看起来十分滑稽。

观察时间： 10月中旬至翌年6月中旬

观察要点： 有着大大的脑袋和巨大的喙部，能够轻易撬开各种种子的外壳

银喉长尾山雀 *Aegithalos glaucogularis*

银喉长尾山雀行动敏捷，常活动于树冠和灌木顶部，到了晚上会集群蜷缩在一起抵御寒冷。

观察时间： 10月至翌年3月

观察要点： 身形滚圆，体型较小，嘴巴短小，尾羽极长

金翅雀 *Chloris sinica*

金翅雀喜欢成群活动，冬季常到地上寻找草籽。它们的叫声尖锐清脆，如同敲击银铃。

观察时间： 全年可见

观察要点： 有着金黄色的翅膀，即使停落时收起翅膀，也能看到翅膀边缘的金色块斑

大山雀 *Parus cinereus*

大山雀是北京山雀中体型最大，也最常见的山雀。

观察时间： 全年可见

观察要点： 脸颊有白斑，胸前有一条显眼的黑色带，被人戏称为"黑拉锁"

斑鸫 *Turdus eunomus*

斑鸫和红尾斑鸫原本同属于一种，现独立成种。夏季栖息于西伯利亚，冬季到北京地区越冬，非常容易在北京见到它们的身影。

观察时间： 9月初至翌年6月中旬

观察要点： 头部有明显的白色眉纹，胸、胁部有黑色鳞状斑点

燕雀
Fringilla montifringilla

燕雀喜欢集群，有集群过夜的习性，常常成群结队到河边饮水，惊飞时场面颇为壮观。

观察时间： 全年可见

观察要点： 雄鸟头背为黑色，喉、胸部呈黄褐色。雌鸟以褐色为主

树木医生

啄木鸟是啄木鸟目啄木鸟科鸟类的统称，它们有着有趣的行为和生活习性。北京市里能见到 5 种啄木鸟，其中大斑啄木鸟、星头啄木鸟和灰头绿啄木鸟都是常见留鸟，一年四季都能看到，棕腹啄木鸟和蚁䴕会在迁徙季时途经北京。

星头啄木鸟
Dendrocopos canicapillus

星头啄木鸟体型较小，身长仅有15厘米，活动更为隐秘安静，啄击树木声音较小，不容易察觉到它们的存在。

观察时间： 全年可见
观察要点： 翅羽黑白分明，尾下腹羽无红色

灰头绿啄木鸟雄鸟额头为红色，雌鸟则无红色

♂

棕腹啄木鸟
Dendrocopos hyperythrus

棕腹啄木鸟栖息在京郊山林。

观察时间： 4～5月，8月中旬至11月中
观察要点： 腹部呈棕色，雄鸟头顶呈红色

♂

灰头绿啄木鸟 *Picus canus*

灰头绿啄木鸟是北京地区体型最大的啄木鸟，因为灰绿色的体色而得名。它们平时不仅在树干上取食，也常到地面上寻找蚂蚁等昆虫。灰头绿啄木鸟叫声尖锐响亮，在繁殖季时经常能听到它们追逐打斗发出的鸣叫声。

观察时间： 全年可见
观察要点： 与众不同的灰绿色羽衣和超乎寻常的大个头十分易于辨识

啄木鸟的舌头

大斑啄木鸟以各种藏身树木中的甲虫、蚂蚁、鳞翅目昆虫幼虫为食，灵巧的舌头和坚硬的喙部使它们能够撬开树木，找到藏身树干之中的昆虫。

大斑啄木鸟雄鸟头顶后侧有红色斑纹，雌鸟则为黑色

蚁䴕 *Jynx torquilla*

蚁䴕羽色如树皮，以蚂蚁为食，多在地面觅食。受惊时颈部像蛇一样扭转，以恐吓敌人。

观察时间： 4～5月，8月中旬至10月
观察要点： 背部有黑色粗纹

♂

大斑啄木鸟 *Dendrocopos major*

大斑啄木鸟是北京地区最为常见的啄木鸟，冬季时大斑啄木鸟单独行动；到了夏季，争夺配偶的大斑啄木鸟们会在树干上大力敲击，发出沉闷的"嗒嗒"声，响彻整片树林。

观察时间： 全年可见
观察要点： 黑白分明的翅羽和红色的尾下腹羽极易辨认

　　啄木鸟高超的捕虫技巧，不仅得益于它坚韧强大的喙部，还依赖其结构特殊的舌头。

　　普通鸟类的舌根附着在喙的后部，而啄木鸟长长的舌头并不是蜷缩在喉咙里。它们的舌根分成了两股，从右鼻孔出发，绕过颅骨上方到达脑后，通过下颌骨到达喙部。这种特殊而精巧的结构不仅使得啄木鸟拥有远超过脑袋长度的舌头，还有很好的缓冲作用，极大地减轻啄木鸟在啄木时对大脑产生的冲击，如同汽车座椅上的安全带。不仅如此，啄木鸟的舌头有着特殊的腺体，能够分泌出黏液，轻而易举地将洞中的昆虫掏出来。

知识卡片索引

如何使用
知识卡片索引

知识卡片将同类型生物的知识聚焦在一起。不同的造型和不同的颜色代表不同的生物类型。根据卡片的页码索引，可在同类型卡片内容中实现跨页面跳转，阅读感兴趣的生物知识。

跟着页码索引跳转到下一个知识卡片！

普通雨燕
Apus apus

鸟类迁徙通道

物种索引

哺乳动物

鸟类

物种索引

昆虫

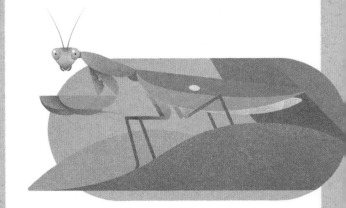

其他动物

植物

图书在版编目（CIP）数据

在公园 / 刘几凡, 余明伟著. -- 北京：北京联合

出版公司, 2020.6

（城市自然故事·北京）

ISBN 978-7-5596-4073-4

Ⅰ.①在… Ⅱ.①刘… ②余… Ⅲ.①动物 – 北京 –

少儿读物 ②植物 – 北京 – 少儿读物 Ⅳ.①Q958.521-49

②Q948.521-49

中国版本图书馆CIP数据核字（2020）第042413号

在公园

作　　者：刘几凡　余明伟

联合策划：北京地理全景知识产权管理有限责任公司

策划编辑：乔　琦

特约编辑：林　凌

责任编辑：牛炜征

营销编辑：唐国栋

特约印制：焦文献

北京联合出版公司出版

（北京市西城区德外大街83号楼9层　100088）

北京联合天畅文化传播公司发行

北京华联印刷有限公司印刷　新华书店经销

字数：60千字　889毫米×1194毫米　1/16　印张：5.75

2020年6月第1版　2020年6月第1次印刷

ISBN 978-7-5596-4073-4

审图号：GS（2020）1077号

定价：79.00元